—— 学习高手"攸"方法

升级抗压
抗挫力

攸佳宁工作室　著

 SPM 南方传媒

全国优秀出版社
全国百佳图书出版单位　广东教育出版社

·广　州·

图书在版编目（CIP）数据

升级抗压抗挫力 / 攸佳宁工作室著 . -- 广州 : 广东教育出版社 , 2024. 8. -- (学习高手"攸"方法).
ISBN 978-7-5548-6079-3

Ⅰ . B842.6-49

中国国家版本馆 CIP 数据核字第 2024NL2245 号

SHENGJI KANGYA KANGCUO LI

出 版 人：朱文清
策划编辑：卞晓琰
责任编辑：冯玉婷　刘　玥
责任技编：杨启承
责任校对：林晓珊
封面设计：林彦孜
出版发行：广东教育出版社
　　　　　（广州市环市东路472号12-15楼　邮政编码：510075）
销售热线：020-87614531
网　　址：http://www.gjs.cn
邮　　箱：gjs-quality@nfcb.com.cn
经　　销：广东新华发行集团股份有限公司
印　　刷：广州市岭美文化科技有限公司
　　　　　（广州市荔湾区花地大道南海南工商贸易区A幢）
规　　格：787 mm×1092 mm　1/16
印　　张：8.75
字　　数：175千
版　　次：2024年8月第1版
　　　　　2024年8月第1次印刷
定　　价：36.80元

目录

1. 利用 START 法则，提升自我效能感

我能选上班干部吗？

想要竞选班干部。

但是之前都没担任过，不知道该怎么做。

又害怕自己做不好，总是对自己缺乏信心。

班干部

竞选时还要向全班同学介绍自己的优点。

可是我好像没发现自己有什么优点，真苦恼啊！

优点 优点 优点 优点 优点 优点 优点 优点

攸攸教授有方法

同学们遇到的这些问题其实都是缺乏自信的表现。自信对我们每个人来说都非常重要，它能给我们带来力量，是成功的重要秘诀。

发卡的力量

以前我读过一个超有趣的寓言故事，故事的主人公珍妮是个老是低着头的小女孩，她总觉得自己长得不漂亮。有一天，她去饰品店买了个蝴蝶结发卡，店主一个劲儿地夸她戴上蝴蝶结可美了。珍妮将信将疑的，但还是很开心，情不自禁地昂起了头，迫不及待地想让大家都看看，连出门不小心撞了人都没在意。珍妮走进教室，正好碰到老师，老师亲切地拍拍她的肩膀说："珍妮，你昂起头来真美！"那天，她得到了好多人的夸奖。她觉得一定是蝴蝶结发卡的功劳，但照镜子一看，头上根本就没有蝴蝶结，肯定是出饰品店的时候不小心撞掉了。

那个抬头微笑的女孩在我脑海里一直挥之不去。她以为是漂亮的发卡给自己带来了魅力，但其实她根本没戴发卡，是内心的自信，让她散发出无尽的魅力！

提升自信心的神奇工具：START法则

看来，自信对成功真的非常重要呢。现在，我要给大家介绍一个超好用的工具——START法则，它可是提升我们自信心的好帮手，可以帮我们在过去的经历中找到自己的优点，让我们更自信哦。

而且，整个过程只有五个步骤，只要跟着步骤来，最后大家就会发现自己原来这么棒！

START法则

序号	环节	动作
第一步	S-情景	描述事件发生的背景信息
第二步	T-任务	描述自己要完成的目标或要攻克的困难
第三步	A-行动	描述为了完成任务，你都制订了哪些计划，付出了哪些行动
第四步	R-结果	描述你所做出的行动带来了哪些结果，最终任务有没有完成
第五步	T-思考	思考与总结自己在过程中所体现的特点和优势

第一步：描述背景信息

作为工具的第一步，我们需要仔细挑选想要记录的事件，并把当时的背景信息描述清楚。我们选择的事件应是与当下所面临的挑战类似的。

比如我们想要竞选班长，但对自己没有信心，那我们就可以选择描述自己曾经担任小组长的经历，因为它们都需要发挥自己的管理才能。

我们可以这样写：上周三的值日，我担任我们小组的组长。

> 小贴士：同学们如果一开始对选择什么事件来描述不太有把握，可以先请爸爸妈妈为我们把把关。

第二步：描述目标或困难

每个事件里都有我们想要完成的目标或需要攻克的困难。把目标或困难写下来，在第四步时可以用作判断任务是否完成的标准哦！

我们可以这样写：我需要带领我的组员们一起做好班级卫生，确保卫生评比时班级不被扣分。但这是我第一次当小组长，我没有什么经验。

第三步：描述行动和计划

为了完成上述目标或克服困难，我们当时一定制订了完备的计划并付出了行动。现在我们需要认真回想一下自己当时都制订了哪些计划，是怎么做的。

小贴士：
这部分的描述越详细，效果越好哦。

我们可以这样写：我先请教了上一组的组长，学习他们的分工方式；接着，我召集组员们一起划分本次值日的任务，并制定了适合我们小组情况的分工方案。

第四步：描述结果

描述完计划和所采取的行动，接下来就要看看我们所做出的行动带来了哪些结果以及最终有没有完成任务。

我们可以这样写：清楚了分工之后，大家各司其职，将教室打扫得干干净净。并且，在卫生评比时，我们班得到了满分！

第五步：思考与总结优势

经过上述四个步骤，我们要记录的事件就写完了。最后，让我们来思考与总结一下自己的优势。

这时我们可以重点看一下描述行动的部分。我们不难发现自己具有一定的领导能力，而且擅长利用身边的资源；勇于承担责任，具有团队意识；同时也展现出了良好的沟通能力。

悠悠教授心里话

我们用 START 法则写下自己的经历后，就能更容易地发现自己身上的优势啦！

除此之外，只要坚持记录日常小事，善于发掘自己的优势，我们就能一天比一天更自信哦！

2. 重塑归因风格，增强学习控制感

充满干劲的同桌

这次考试又没考好，我果然不是读书的料。

不过，同桌这次好像也没考好。

但她为什么总能充满干劲，一直都那么认真呢？

真羡慕她这种"纵使学习虐我千百遍，我依然待它如初见"的精神啊！

攸攸教授有方法

在学习的道路上，同学们是否也曾感到迷茫和无助？是否常常对自己的学习效果感到不满，却又不知道该如何改变？其实，这可能是因为我们的归因风格出了问题！

> 小贴士：什么是归因？简单来说，就是找到问题的原因来自哪个方面。

想象一下，我们正在攀登一座学习的高山，中途遇到了很多困难和挫折。有时候，我们会把失败归咎于自己的能力不足，认为自己永远无法到达山顶。这种归因风格就像沉重的包袱，会让我们逐渐失去前行的动力。但是，一旦学会重塑归因风格，我们就仿佛找到了一条通往山顶的捷径。归因风格对我们的影响真的如此之大吗？接下来的这个故事或许能给我们带来一些启示。

不同的归因，别样的人生

从前，有个死刑犯留下了一对双胞胎儿子。好些年后，他的一个儿子也成了罪犯进了监狱，而另一个儿子却成了特别有名且事业有成的大学教授。有位记者分别对他们进行了采访，问是什么让他们成为今天的样子。没想到，他们回答了同样的一句话。大家猜一猜，他们都说了什么话呢？

答案揭晓：谁让我有一个这样的父亲呢！

两个儿子同样的回答，背后却有着完全不同的两种归因：①一个儿子把人生的失败归结于自己受了死刑犯父亲的遗传和影响，不可能有好的作为；②另一个儿子则把成功归结于既然自己的父亲已经是一名死刑犯了，那就只能通过自己的努力去弥补成长环境中的缺憾。

重塑归因风格有诀窍

你们看，面对相同的遭遇，两个儿子不同的归因造成了他们不同的人生。可见，直接影响我们行为表现的可不只是事情本身哦，关键在于我们如何对事情进行归因。

在生活中，一个问题的出现可能伴随着多种原因，我们解决问题的态度和方法往往取决于我们对这个问题的解释。学会合理归因很重要，但在此之前，我们需要先了解一下归因的类型都有哪些。

归因的类型

美国心理学家韦纳发现，人们通常将活动成败的原因归结为六大方面：能力高低、努力程度、任务难度、运气好坏、身心状态以及外界环境。

这六个原因还具有三种特性：部位、稳定性和控制性。

部位（内部控制或外部控制）：指的是影响因素是来自自己还是外部。比如，在学习上遇到问题时，如果认为是自身能力不足导致的，影响因素就是内在因素；如果认为是学习氛围或环境导致的，影响因素就是外在因素。

稳定性（稳定的或不稳定的）：指的是影响因素是否经常变化。比如，人的智商相对稳定，不会今天70明天150；而天气则不稳定，经常变化。

控制性（可控的或不可控的）：指的是这个因素能否被自己控制。比如，在小组作业中，自己负责的部分可以自己控制，但别人负责的部分自己就无法控制。

下面，我们通过一个表格更直观地展示上述内容：

归因类型

原因	部位		稳定性		控制性	
	内部	外部	稳定	不稳定	可控	不可控
能力高低	√		√			√
努力程度	√			√	√	
任务难度		√	√			√
运气好坏		√		√		√
身心状态	√			√		√
外界环境		√		√		√

表格中最左边的一栏是同学们经常用于解释自己成败的因素：

能力高低，指的是我们对某项任务的胜任程度。它和我们自身的天赋、已经习得的知识、技能都有关系，是我们自身内部的因素，很难在一两天内通过什么办法来提高，也很难在短时间内被控制。

努力程度，指的是我们为这项任务付出的行动有多少。这也是我们的内部因素哟，不过它不太稳定呢，因为我们会有松懈的时候，也会有努力的时候。但这是我们可以掌控的，比如我们可以决定今天要不要早起学习。

任务难度，指的是任务本身的复杂程度或困难水平。以某次考试试卷为例，它的难度是固定的，而且通常是由老师决定的，所以任务难度是外部的、稳定且不可控的因素。

运气好坏，指的是外在那些偶然的因素对结果的影响。它是外部的、不稳定又不可控的因素，毕竟我们没办法预测和控制自己运气的好坏嘛。

身心状态，指的是身体和心理的健康状况。一般情况下，偶尔感冒是在所难免的，但是有些疾病可能需要通过长时间的治疗才能治愈，所以身心状态是内部的、不稳定又不可控的因素。

外界环境，指的是周围的环境条件、他人的影响等外部因素。它是外部的、不稳定又不可控的因素，比如我们没办法控制天气、温度等外部环境的变化。

这么一看，我们可以发现，努力程度是唯一一个我们可以自己控制的因素。

重塑归因风格

可以解释成败的因素有这么多，那我们要怎么用它们来解释自己的成败才能更好地促进自己的学习呢？

我们先来看个例子：小红在一次考试中成绩不理想，便认为自己很糟糕，以后永远也不可能考好了。{同学们开动脑筋想一想，这符合我们上面提到的哪一种归因呢？① _____}因此，她感到非常沮丧，失去了学习的动力，甚至开始讨厌上学。可见，将考试成绩不理想归因于自己的能力不足，使得小红产生了深深的无力感，学习动力降低，成绩自然也就难以提升了。

后来，在心理老师的帮助下，小红对考试结果进行了重新归因——这次考试没考好，可能是因为自己准备不充分，平时学习不够认真，只要接下来好好努力，一定能取得好成绩！{这一次小红的归因属于哪一方面呢？② _____}于是，她重新振作起来，制订了每天的学习计划，并严格执行，终于在下一次考试中取得了满意的成绩。

大家发现了吗？当小红将考试成绩不理想归因到"努力程度"这一方面时，小红就对学习有了更强的控制感，从而也就更有动力啦！所以，如果我们想要获得源源不断的动力，无论是成功还是失败时，都可以试着将其归因于内部可控的因素，也就是努力哦。

{答案：①能力不够；②努力不够}

欣欣教授心里话

如果我们真的已经非常努力了，可结果依旧不够理想，这时就不要再往努力程度归因啦，要从其他方面（如任务难易、外界环境等）寻找真正的原因。要知道，努力后的失利只是暂时的，千万不要因此而失去希望，要保持继续努力的信心哦！

3. 借助榜样力量，从"爱放弃"到"能坚持"

1分钟
小漫画

我 的 榜 样

遇到困难我就想要退缩。

但是自从冬奥会被奥运冠军"圈粉"以后……

各位优秀的运动员就成了我学习的榜样！

向优秀运动员学习

他们实在太优秀了，简直就是"六边形战士"。

想要向他们学习，都不知道该从哪里开始学起比较好……

攸攸教授有方法

不断超越自我，为国争光的郭晶晶；辛勤耕耘，造福世界的袁隆平爷爷；潜心钻研，百折不挠的屠呦呦奶奶……生活中有许多值得我们学习的榜样，但是具体应该如何向他们学习呢？

我们先一起来看看大书法家王羲之的故事，学习一下他是怎么向榜样学习并取得成功的。

王羲之的榜样学习经历

王羲之幼年学习书法时，特别崇拜东汉的书法家张芝。张芝的书法那可是出了名的，尤其是他的草书，更是闻名遐迩，因此当时的人都尊称他为"草圣"。

据说张芝经常在水池边写字，还用池水来磨墨、涮笔，时间一长，池水都被染黑了。王羲之下定决心要学习张芝的

精神，他坚信只要自己勤奋努力，就一定能够赶上甚至超越张芝。

王羲之不仅学习了张芝的精神，还学习了张芝练字的方法——他也像张芝那样，经常到水池边练字。相传王羲之曾暂住在临川郡城东高坡一个叫"新城"的地方，新城上有个很深的长方形水池，这就是他经常学习写字的地方。每到春天，他就会带上笔、墨、纸、砚来这里写字，用池里的水磨墨、涮笔。他一把黑黑的毛笔放进池子里，水里就会出现一片像黑云一样的水墨。就这样，日子一天天过去，池水变得越来越黑，王羲之的字也写得越来越好了。

最后，王羲之凭借自己独特的书法风格和精湛的技艺，成为当时非常有名的书法家。他的作品广为流传，对后世的书法艺术产生了深远的影响，其代表作《兰亭集序》更是被誉为"天下第一行书"。

榜样学习法

王羲之将张芝视为自己的榜样，学习他的精神和练字方法，最终成为赫赫有名的大书法家。可见，榜样的力量是非常强大的。现在，让我们一起学习一个超级实用的榜样学习法。这个方法共有三个步骤，只要运用好它，相信你也能够成为像你心目中的榜样那样优秀的人！

第一步：确定具体的榜样人物

在生活中，有很多优秀的人值得我们学习。我们可以通过网络、新闻、书籍等多种途径，去了解他们的优点和成功经验，然后选择一个自己最想学习的榜样人物。

第二步：明确具体的改进方向或方法

当我们确定了想要学习的榜样人物之后，还需要进一步明确自己需要学习的方面。例如，如果我们希望像库里一样拥有高超的篮球技能，就可以上网搜索一下库里为了提升球技都付出了哪些努力。比如，他每天都坚持不懈地练习打球，这就是我们可以借鉴的方法。

此外，我们还可以将这种方法应用到其他方面。比如，最近的数学考试中，我们在计算上总是出错，那么我们是不是也可以像库里一样通过在平时多做一些练习来提高运算准确率呢？

第三步：树立信心

最后，别忘了给自己加油鼓劲哦！建立起足够的自信，我们才能拥有继续前进的动力，也才能将我们的想法付诸实践。

为了向库里学习，我做了充分的准备，相信通过努力，我也一定可以成功！

彼彼教授心里话

榜样学习法就像一盏明灯，为我们指明了努力的方向。接下来，就需要同学们迈开脚步，将心中的想法转化为实际行动。只要坚持下去，一段时间后，大家就会惊喜地发现自己身上发生的变化！

4. 在错误中寻找机遇，升级我的抗挫力

躲不掉的小错误

这道题老师课上强调过好多遍了。

这道题我再说一遍……

但我还是做错了。

班上就没几个同学做错，怎么到了我这里还是一考就倒，好丢人呀！

好丢人呀！

赶紧对照着答案改改，收起来，不想再看见它了。

我到底什么时候才能不再出错啊！

攸攸教授有方法

　　同学们是否总是害怕犯错，一犯错就恨不得立刻挖个洞钻进去？其实在生活中，每个人都不可避免地会犯错，即使那些很优秀的人也不例外。那他们是怎么对待自己的错误的呢？我们一起来看看吧！

天才的起源

　　1999年，脑科学家谢伯让进行了一项研究，他想了解"天才是怎么来的"。结果发现：不管在哪个领域，那些为人类做出过巨大贡献的人，像爱迪生、居里夫人、爱因斯坦、达·芬奇、米开朗琪罗等等，都有一个共同特点，那就是他们都很喜欢尝试新事物，并且能坦然接受自己犯错。虽然这些人在探索的道路上失败的次数比普通人多得多，但是他们从这些"失败"中学到的经验，让他们取得了非常厉害的成就。比如，爱迪生在发明电灯前，经历了上千次的失败；居里夫人通过无数次的实验，才提炼出金属态的纯粹的镭。

每个人在取得成功之前，都要经历很多次的探索和失败。只有不停地努力，一直尝试，才会有新的突破和转折点哦！

升级抗挫力三步法

遇到挫折和失误并不可怕，每一个错误都是一次学习的机会，就像我们常说的"吃一堑，长一智"，如果我们能正确面对，它还能帮助我们成长呢！

有个词叫"抗挫力"，指的是一个人在面对困难、挫折、失败等不利情况时，依然能够保持积极的心态，坚持不懈地努力，克服困难并从中获得成长的能力。在面对不利的情况时，假如我们拥有良好的抗挫力，就会更有信心，也能更好地解决问题。

现在，我想给大家分享一个提升抗挫力的好方法，这个方法一共有三步，只要学会了，大家就能更坦然地面对自己所犯的错误，也能从错误中更好地成长啦！

第一步：允许犯错

在成长的道路上，我们每个人都可能会犯错。不过，犯错并不意味着最终的失败。我们可以从错误中吸取经验和教训来帮助自己更好地成长，就像坚持不懈的爱迪生一样。所以，我们不妨在下一次因为犯错而感到沮丧、尴尬、失望的时候，先让自己的消极情绪"刹个车"，接受错误的存在，告诉自己这或许又是一次让自己变厉害的机会，然后以稳定的情绪进入接下来的第二步。

小贴士：负面情绪过多时，不如试试深呼吸来调节一下哦。

第二步：将错误转化为"有效犯错"

什么是有效犯错呢？有效犯错就是能够引起我们反思，有助于我们未来成长的犯错。

这里就要给大家介绍一个超好用的转化公式了——肯定收获＋分析原因=总结教训。

看起来真不错，但要如何实现转化呢？

肯定收获：在面对错误的时候，我们要能够看到自己在这个过程中的收获。这可能包括学到的新知识、新技能、新经验等。通过肯定收获，我们也可以让自己更加积极地看待错误，同时增强自己的自信心。

分析原因：接下来，我们要分析一下导致错误的原因。这需要我们回顾一下整个过程，找出问题所在。只有找到真正的原因，我们才可能避免再犯同样的错误。

总结教训：转化的最后一步就是总结从错误中得到的教训。你可以问自己以下问题：我如何避免再犯同样的错误？我如何改进自己的方法？我如何提升自己的能力？相信通过总结，你一定能成功地把错误转化为成长的机会。

小明在一次数学考试中因为粗心做错了一道很简单的题目，下面是他利用我们上面学到的公式进行"有效犯错"的转化过程，让我们一起来看看吧！

"有效犯错"转化公式

事件：小明在数学考试中答错了一道很简单的数学题。

肯定收获 通过这道答错的题目，我发现自己对这个知识点掌握得不好，需要加强练习。

分析原因 可能是我对数学公式理解不充分，并且在做题时很粗心。

总结教训 从今天开始，我要分类整理错题集，尽量避免再次出现同样的错误。

第三步：经验交流

　　将自己所犯的错转化之后，我们可以邀请同学或者家人，定期举办"错误分享会"。在会上，大家敞开心扉，一同分享自己最近出现的错误以及从中获得的宝贵经验。同时，大家还可以集思广益，共同探讨还有哪些补救的好方法。这样一来，大家就能共同学习和进步，避免再掉进同样的"坑"里啦！

攸攸教授心里话

　　抗挫力就如同超级英雄的超能力，而"三步法"就是我们的训练秘籍。

　　"宝剑锋从磨砺出，梅花香自苦寒来。"抗挫力的提升是一个持续的过程，需要我们不断地实践和努力。我们只要坚持不懈地练习，就一定能够像超级英雄一样，勇敢地直面错误，勇往直前！

5. 培养成长型思维，
直面学习挑战

学 习 高 手

唉！这道附加题做了好久，还是没能做出来。

这种题目分明就是为那些"学习高手"量身定制的。

我肯定做不出来，还是不要难为自己了。

去检查一下前面的题目吧。

只要能把前面的题目做对，我就满足了。

做对前面的题目我就满足了。

攸攸教授有方法

"我不行，这太难了，我肯定做不到。""我就是没有天赋，再努力也没用。"同学们有没有产生过类似的想法呢？我们之所以会产生这样的想法，其实和我们的思维模式有很大关系哦。我们常说"思维决定高度"，原来我们的学习思维也直接决定了我们学习的高度呢！

什么样的思维能决定成功？

美国斯坦福大学心理学教授卡罗尔·德韦克做过一个很有趣的实验。她找来一群小朋友玩拼图，并观察他们在游戏中的表现。一开始拼图很简单，但之后难度逐渐增加，拼图变得越来越复杂。

德韦克教授发现，当拼图变得

越来越难时，有些小朋友就玩不下去了，他们开始抱怨："这一点都不好玩！"然后就放弃了，有的小朋友甚至把拼图扔到了地上。但是另外一些小朋友在面对困难的拼图时却变得更加兴奋。一个10岁的小男孩拉过一把椅子坐下，搓着双手大声说："我太喜欢这个挑战了！"还有一个小女孩露出开心的表情，坚定地说："虽然很难，但我觉得很有意思！"

这两种小朋友面对困难任务时的态度完全不同。第一种小朋友一遇到困难就像泄了气的皮球，他们觉得自己能力有限，不能靠自己的努力解决问题，这种思维模式被德韦克教授称为固定型思维。这样的小朋友会给自己设限，他们相信天赋，觉得能力是不能改变的，甚至觉得自己好不好都是天生的。第二种小朋友遇到困难时则总是很自信，不害怕失败，反而把困难当成有意思的挑战，这种思维模式被德韦克教授称为成长型思维。这样的小朋友会勇敢尝试，就算失败了也能接受。他们相信自己可以通过努力变得更厉害，也能从不断尝试的过程中找到很多乐趣。他们遇到困难时会主动寻求帮助，即使摔倒了也能很快站起来，从失败中学习，让自己变得更棒！

探索成长型思维的奥秘

拥有成长型思维，能让我们勇敢地迎接挑战，把失败和挫折当作变强的机会，不断进步。既然成长型思维这么重要，那么该怎么培养呢？我们可以分两步走。

第一步：准确识别

首先，我们要学会准确识别哪些思维是成长型思维，哪些思维是固定型思维。让我们先来做个小测试吧！

你觉得自己什么时候是最聪明的？这是一道单选题。

A. 当我不犯任何错误的时候。

B. 当我很快地完成一项任务并且做得很好的时候。

C. 当我可以轻松完成一项别人都觉得很难的任务的时候。

D. 当这件事真的很难，我付出了很多努力，终于突破了自己的时候。

E. 当我在一件事上努力了很长时间，终于弄明白的时候。

你的答案是什么呢？

如果你选的是A、B或C，那么你的思维可能偏向于固定型思维；如果你选的是D或E，那么你的思维可能偏向于成长型思维。

固定型思维更关注最终的结果，成长型思维更关注过程中的努力和学习；固定型思维的人更倾向于将自己的聪明程度与外在的表现或与他人的比较联系起来，而成长型思维的人更关注自身的努力和成长。

学会分辨自己的思维方式后，我们来看培养成长型思维的第二步。

第二步：有效调整

这里和大家分享三个能够将固定型思维转变为成长型思维的超好用的方法。

方法一：注重过程而不是结果

当我们完成一件事情的时候，别光看结果，而要多看看在这个过程中我们有哪些做得很棒的地方。比如我们考了高分时，可以夸夸自己复习时的专注和高效，而不是只满足于取得了高分哦。

方法二：接纳失败和错误

我们往往更愿意接受对自己有利的事物。但我们更应该经常反思自己曾经踩过的坑、犯过的错，总结能从错误中得到哪些经验教训。我们看到失败和错误带来的成长时，就会更容易接受它们的存在啦！

例如，我们可以用写日记的方式，把自己在考试中失利的原因总结下来，再思考一下提升的方法。下面和大家分享一个总结模板：

我这次成绩是_____，我感到_____，我觉得自己做得不好的原因是：（1）_____（2）_____（3）_____

接下来我的提升对策是：（1）_____（2）_____（3）_____

方法三：走出舒适圈，接受挑战

我们要多给自己一些鼓励，勇敢地挑战自己。不过要注意，并不是所有挑战都适合我们。那些适合我们的挑战，应该是我们能够想到应对的方法，并且通过努力可以挑战成功的。

例如，当我们发现自己每次语文考试都能考高分时，我们就可以制定一个新的挑战目标：用学语文的经验来提高自己的英语成绩。

小贴士：如果觉得自己还不太能判断什么样的挑战适合自己的话，也可以请爸爸妈妈帮我们评估一下。

欣欣教授心里话

大家发现了吗？培养成长型思维其实并不难，只要我们能把方法运用到实际行动中，就能勇敢地迎接挑战！这样一来，附加题也就不再是"学霸"们的专属啦！

6. 掌握积极思维，
直面困难不露怯

三分钟热度

做事情总是"三分钟热度"。

三分钟
热度

上周刚报了书法班。

不到一星期又开始打退堂鼓。

总觉得自己练不好，想放弃……

……

坚持很重要，道理我都懂，可我就是做不到，谁能帮帮我？

攸攸教授有方法

让我们仔细想想，自己做事是否总是半途而废，一碰到难题就想打退堂鼓？为什么会这样呢？其实，这都是大脑捣的乱。更确切地说，是我们被大脑中的想法和思维模式给影响了。

戴上积极思维的眼镜

在一个著名的心理学实验中，研究者让参与者观察一系列图片，然后描述自己所看到的内容。一部分参与者在实验过程中通过接受一系列心理训练被引导产生积极的想法，而另一部分则被引导产生消极的想法。结果发现，那些被引导产生积极想法的参与者在描述图片时更多地使用了积极词汇，他们的情绪也更加愉悦和高涨；相反，产生消极想法的参与者则更多地使用了消极词汇，情绪也相对低落。

这就像我们戴着有色眼镜看世界，镜片的颜色不同，我们看到的世界也不同。不同的想法和思维就像我们头脑中的有色眼镜，会影响我们对事物的看法，影响我们的情绪和行为。遇到困难时，如果我们想让自己重新振作起来，就需要给我们的大脑注入积极思维，帮助我们不再逃避，积极应对。

"三感"培养法

如何给大脑注入积极思维呢？下面教你一个非常好用的方法——"三感"培养法。

揭开"三感"的面纱

"三感"指的是胜任感、危机感、成就感。

胜任感：这是一种"我觉得我能把这件事做好，一切都在我的掌握之中"的感觉。胜任感是从大量成功经历中积累形成的，它是对自己能力的肯定和信任，能让你在学习和生活中感到游刃有余。

危机感：这是一种"如果我没做好这件事，后果就会很糟糕"的感觉。危机感是人成长的动力之一，正是因为有危机感，人类才能生存下去。比如人们因为害怕挨饿受冻，就会努力劳动，生产粮食和衣服。

成就感：当我们成功完成某件事或达成某个目标时，就会产生成就感。这是一种积极的情绪体验，让我们觉得自己获得了认可，实现了自我价值。

拥有了这"三感"，你就能更加积极地应对困难和挫折了。那么应该如何培养自己的"三感"呢？

培养"三感"有方法

"三感"的培养各有方法，下面的表格为大家总结了具体步骤，可谓培养"三感"的葵花宝典。只要跟着宝典一步步操作，我们就能练就属于自己的"武功"，拥有胜任感、危机感和成就感啦！

"三感"培养步骤

目标	方法	技巧
胜任感	建立信念	挖掘资源
		庆祝进步
危机感	认识后果	短期后果
		长期后果
成就感	激发斗志	自我激励
		自我奖励

现在我们逐个看看每种方法具体是怎么操作的。

Part1：培养胜任感

我们可以通过建立"我能行"的信念来培养胜任感，这是战胜困难的底气。具体可以通过挖掘资源、庆祝进步这两个小技巧来培养。

挖掘资源：让我们知道自己有经验、有能力应对当前面临的问题。这里的资源其实就是成功的经验。回想成功的经历，问问自己：我是怎么做到的？我付出了哪些努力？我有什么品质？我用了什么方法？这些品质和方法现在是不是也同样适用？

庆祝进步：将进步可视化，充满仪式感地肯定自己的进步。比如，每次成功时拍张照片，定期洗出来贴在本子上，写上成功的经验，回忆自己做得好的地方。

Part2：培养危机感

我们可以通过充分认识事情的后果来培养危机感。比如，我们要知道事情没及时完成可能会带来的即时后果，以及经常放弃会带来的长期后果。

截止日期和后果警示：这是在短期内改善自己行为的两个小法宝。比如，这份数学作业的截止日期是今天晚上，如果完成不了，就无法对今天的学习效果进行评估，进而导致跟不上课程进度，影响学习的态度和效果，这就是不写作业会带来的后果。

小贴士：定好事情的截止日期和后果，写在不同颜色的便笺上，用颜色代表任务的紧急程度，然后按紧急程度贴在墙上或书桌上显眼的地方，完成一项任务就撕掉相应的便笺。这样会让整个过程变得更有趣哦！

转变认知：我们可以通过观看主题绘本、故事书、励志电影等，了解爱放弃可能带来的负面影响，从而改掉这个坏习惯。

Part3：培养成就感

培养成就感有两个小技巧："自我鼓励"和"自我奖励"。

自我鼓励：就是时常为自己打打气、鼓鼓劲。遇到挫折时，给自己积极的暗示，告诉自己"我能行"；在完成一件小事或者一项任务时，及时给予自己积极的反馈，持续给自己注入动力。

自我奖励：自我鼓励侧重于精神层面的激励，而自我奖励则侧重于实质性的奖励。例如，这次考试如果进步十名，我就奖励自己看一场电影。

小贴士：如果为自己设置的奖品需要爸爸妈妈的资助，那我们可以在设置奖励时邀请爸爸妈妈一起参与，并在执行时请他们帮忙监督，他们也会很乐意帮忙的哦。

依依教授心里话

和大家分享几本超有趣的书籍:《鞋子里的盐》《没有人怪你》《老人与海》《钢铁是怎样炼成的》。大家在阅读的时候可以开动小脑筋想一想:如果书里的角色在面对困难时选择了放弃,可能会怎样呢?如果他凡事都爱放弃,以后又会怎样呢?

7. 翻转消极想法，拒绝自我批评

1分钟
小漫画

流动红旗

今天值日没打扫好。

导致班级卫生被扣分。

扣分

下周班级就得不到流动红旗了。

卫生星级班
流动红旗

都怪我，为什么总是那么粗心！

这点小事都做不好，真是干啥啥不行，我简直对自己太失望了！

卫生星级班

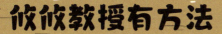

攸攸教授有方法

自我批评就像潜藏在内心的小恶魔，时不时地跳出来，让我们对自己产生种种不满，觉得自己还不够好、不够努力或者总在犯错。它反映出了我们对自己的消极看法和信念。

在日常生活中，信念犹如一股无形的力量，悄无声息地影响着我们的行为与结果……

信念的神奇力量

第二次世界大战期间，盟军在意大利南部战役中伤员众多。由于后勤供给不顺利，镇痛剂不够用了。情急之下，医生只好用生理盐水代替镇痛剂为伤员注射。令人意外的是，事后许多伤员表示自己的疼痛减轻了。也就是说，本来没有止疼效果的生理盐水竟然起到了镇痛剂的作用。

后来，美国医学家毕阙博士对这一现象进行了深入研究，结果发现其实是伤员的信念影响了他们的身体反应。伤员在不知情的情况下被注射了生理盐水，却误以为自己注射的是镇痛剂，从而相信

所注射的药物可以止疼。带着这样的信念，他们的身体产生了相应的反应，于是感觉疼痛也减轻了。可见，信念对人有着明显的影响，我们可以通过改变自己的消极想法和信念来减少对自己的苛责。

翻转我的消极想法

现在，我想和大家分享三个改变消极想法的小妙招，帮助我们理性地应对消极想法，更加客观地认识自己。

第一招：寻找反面证据

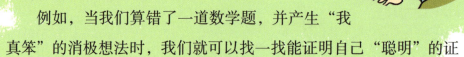

当消极想法出现时，我们要学会质疑它的真实性。我们可以思考一下：这个想法是事实吗？有没有反对这个想法的证据？

例如，当我们算错了一道数学题，并产生"我真笨"的消极想法时，我们就可以找一找能证明自己"聪明"的证据都有哪些，比如：我还原魔方的速度比其他同学都快；我还擅长解谜，其他同学没想出来的，我都想出来了。

要特别注意的是，我们列举的应该是真实存在且有效的证据，而不是单纯的口号哦！

第二招：思考其他可能性

　　世界上绝大多数事情的发生都不会只有一个原因，但当我们陷入消极想法的漩涡时，我们往往只会坚信自己所认为的那个原因才是唯一正确的答案，比如：我就是因为笨，所以才会做错。

　　这时候，我们就要努力去发现其他的可能性。这些可能性不一定正确，但是只要我们开始对占据脑海的消极原因质疑，自我批评就会开始动摇啦！

　　例如：数学题目做错了，可能只是因为不小心看错了题目的条件，而不是因为我们能力有问题；也可能是这道题本身就比较难，很多同学都没有做对。

第三招：寻找积极面

　　虽然坏事发生了，但它带来的可不一定全是"恶果"哦，说不定其中还有好的方面能让我们得到安慰呢。就像每一枚硬币都有两面一样，每件事也都有积极和消极的影响。我们要学会用积极的眼光看待发生的事情，这样我们就可以更客观地应对问题，而不再拘泥于事情消极的一面。

例如：正因为做错了那道数学题，我才发现自己对解方程的运算技巧掌握得还不够熟练，还需要多加练习；审题也应该再仔细一点。

小贴士：我们可以制作三张卡片，把这三个小妙招的做法分别写在这些卡片的正面。当我们想要改变消极想法时，就可以采用抽卡的方式随机选择一个妙招来使用，并把新的发现和想法记录在卡片的背面。完成后，再郑重地将卡片进行翻面，代表自己的想法已经发生了改变。这样会让整个过程变得更加有趣和有意义哦。

攸攸教授心里话

在生活的舞台上，我们常常是自己最严厉的批评者。那些消极的想法如同浓厚的乌云一样笼罩着我们的心灵，使我们逐渐失去自信，迷失了前进的方向。不过，就像黑夜过后便是黎明，相信学会了上述三个超好用的小妙招，我们也能够翻转自己的消极想法，重新发现那个充满无限可能的自己！

8. 赋予学习动力,
助力心态转变

寻找前进的动力

一提到学习就没劲，像是在海上漂浮的没有动力的轮船。

没有办法继续向前。

哇呀呀呀！

但同学们都干劲十足。

我感到好焦虑啊！怎么样才能调整好心态，获得继续前进的动力呢？

攸攸教授有方法

学习就像打怪升级，我们既会有能量满满的时候，也会有因为能量耗竭而失去动力的时候。这是再正常不过的现象啦！那么，当我们能量不足时，怎样才能给自己充充电，让自己快速恢复状态呢？让我们通过马斯克的例子，一起来探索一下吧！

马斯克的动力保持秘诀

著名企业家马斯克的理想是借助科技创新，推动人类社会的进步。马斯克对太空探索、可持续能源和未来交通等领域满怀热情和使命感。

为了实现理想，马斯克不断学习和探索。他自学了火箭科学、物理学等复杂的知识，积极参与火箭制造和发射、电动车研发等各类项目和实验。他的学习动力源于对理想的追求以及对改变世界的渴望。

马斯克的学习之路并非一帆风顺，他也曾经历过缺乏学习动力的时候。但他始终坚持不懈，因为他相信通过自己的努力和创新能够为人类创造更美好的未来，这种信念驱使着他不断学习和进步。

在缺乏学习动力的时候，马斯克会回顾自己的理想，这种对未来的憧憬和使命感帮助他重新点燃学习的热情。例如，在公司的发展过程中，马斯克面临着电池技术、自动驾驶等诸多难题，但他凭借保护环境、解决气候问题的理想，不断投入学习和研究，推动了电动汽车的技术突破，取得了市场成功。

马斯克以理想引领自己，不断保持前进的动力，让学习变得更有意义。

提升学习动力三步法

我们该如何向马斯克学习，不断赋予自己前进的动力呢？

我们可以把理想和学习结合起来，只需要三步，就能掌握提升学习动力的方法！

第一步：寻找未来的理想

如果你已经明确地知道自己长大后想要做什么，那真是太棒了！恭喜你顺利完成了第一步。

如果你暂时还没有明确的想法，也别担心，这里有两个小妙招可以帮助你寻找未来的理想。首先，你可以从自己的兴趣入手，想想自己喜欢做什么事情，比如阅读、绘画、唱歌、舞蹈、打球等。这些兴趣可能就是你未来理想的种子哦！其次，你也可以在日常生活中多尝试一些新的活动，像是学习烹饪、做科学小实验或者参加户外运动等。在体验新兴事物的过程中，也许你就能发现让自己心跳加速的理想呢！

小贴士：建立理想是一个循序渐进的过程，在这个过程中也可以邀请爸爸妈妈和我们一起慢慢寻找哦。

第二步：建立理想与学习的联系

有了理想，你就要努力朝它前进。不过理想很遥远，需要通过不断的学习来一步步实现。此时就需要你化身为小侦探，去调查实现理想需要具备哪些技能和知识，并思考你要如何获取这些技能和知识。

有个同学的理想是成为一名航空工程师，他经过探索后发现：航空工程师需要在第一时间掌握国内外航空的最新消息，所以要学好英语，这样才能在第一时间掌握国际前沿科技动态；数学和物理知识是当工程师的基础，所以也要认真学习数学和物理；还有，要想清楚地表达想法，更高效率地与人沟通则需要良好的语文水平，所以语文的学习也不可忽视……

告诉大家一些获取技能和知识的小技巧：你可以通过看书、上网、看电视等方式，了解理想职业的工作日常和所需技能；也可以试着找到在你的理想领域工作的人，听听他们的经验和建议；或者加入和你的理想相关的兴趣小组，和有相同爱好的小伙伴一起学习、交流，还能分享资源和收获呢！

第三步：用理想激励自己持续学习

有了学习的动力，可有时还是会觉得坚持不下去怎么办？遇到这种情况，你可以参加一些与理想职业相关的活动，在活动中感受坚持的重要性；或者通过书籍、影片等，感受从事该领域的人坚持不懈的精神，并向他们学习。除此之外，你还可以经常想象自己实现理想之后的样子，感受那份喜悦和成就感，这会让你更有动力坚持下去哦！

欣欣教授心里话

学习动力十足，并不意味着你的生活中只有学习哦。每个人的精力都是有限的，适当地让自己放松一下，劳逸结合，也许会为你之后的学习积攒更多的动力呢！

9. 了解 24 种性格优势，塑造积极学习品格

丑 小 鸭

老师讲课我好难跟上呀，为什么其他同学都学得那么轻松呢？

学习对我来说实在是太困难了。

唉，我学不好乐器，画画不好看，也没有运动天赋。

我好像什么事情都做不好，太难过了。好羡慕那些优秀的同学呀！我有什么优势呢？

攸攸教授有方法

学习的时候像是在攀爬一座高山，怎么也爬不上去？自己好像被困在知识的迷宫里，对找到出口感到丧气，并且想要放弃？别担心，你并不孤单！很多小伙伴都有过这样的感受哦。但是，每个人都是独一无二的，就像夜空中的星星一样，都有自己独特的闪光点。所以，与其一直怀疑自己，不如去挖掘自身的性格优势，看到自己闪闪发光的一面。相信自己，你是有能力翻越高山的！

6种美德，24种性格优势

你是否好奇人们身上有哪些闪闪发光的美德和性格优势呢？

经过多年的研究与总结，著名心理学家塞利格曼和他的团队提出了6种核心美德：智慧、勇气、正义、仁爱、节制和卓越。每一种美德下又细分了多种性格优势，总共涵盖了24种闪耀的优势呢！

智慧：是指能高效学习和运用新知识的品质，包括好奇心、热爱学习、创造力、开放性思维和洞察力5种性格优势。

勇气：是指能克服恐惧、勇往直前、敢于对抗挫折的品质，包括勇敢、坚韧、正直和热忱4种性格优势。

仁爱：是指慷慨善良，乐于帮助别人，理解和体谅他人的品质，包括爱、善良和社交智慧3种性格优势。

正义：是指乐于为大家服务，做事公正，有对团体责任和利益的担当精神，包括合作、公平和领导力3种性格优势。

节制：是指懂得控制和把握分寸，能够管理好自己生活的品质，包括宽恕、谦卑、谨慎和自我规范4种性格优势。

卓越：是指能够与他人、自然和世界建立起有意义联系的品质，包括欣赏、感恩、希望、幽默和虔诚5种性格优势。

当你能在实际生活中了解并运用自己的优势时，你就会发现一股强大的自信力量油然而生，助力自己克服困难！

优势培养两部曲

既然性格优势是如此重要，能够帮助我们形成积极乐观的人生态度，那么问题来了：我们该如何培养这些闪闪发光的性格优势呢？接下来，我给大家分享一个好方法，一共有两步，一起来看看吧！

第一步：寻觅种子——明确优势

我们首先要做的是明确自己的"优势宝藏"是什么，要发现自己独特的地方。这一步至关重要，它指引着我们后续的优势培育之路。我给大家介绍一个实用的秘诀：问卷测试法。

借助专业的测评小助手，我们可以轻松揭开性格优势的面纱。找一个安静又舒适的地方，翻开书本后面的附录，全身心投入测试吧。同时，邀请爸爸妈妈陪伴在身边，当遇到不懂的题目时，请他们帮忙解释意思，以更好地保证测试的准确性！

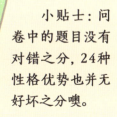

小贴士：问卷中的题目没有对错之分，24 种性格优势也并无好坏之分噢。

完成测试后，我们可以根据每种性格优势的得分情况，找到自己排名前五的"优势宝藏"，也就是你的专属优势，代表着你的闪光点。快夸一夸棒棒的自己吧！

第二步：茁壮成长——一周促进计划

有了这份珍贵的自我认识，接下来我们该如何将这些优势转化为行动，使它们在学习和生活中绽放光彩呢？我们不妨制订一个"一周促进计划"。

在制订计划时，最关键的一步便是确定每日任务。我们需遵循以下三个原则：1. "具体"至极，越具体，就越容易实现，例如，将"提高社交智慧"改为"本周主动与3位新同学交流"；2. 要有"可操作性"，不会耽误自己的学习时间，例如，在课业繁忙的时候，将设定的"阅读30分钟"调整为"阅读15分钟"；3. 计划还需要"与优势匹配"，发挥自己的标志性优势，例如，如果你想提升创造力，可以参与一些能激发想象力的活动，比如写一篇充满奇思妙想的故事，或者创作一幅充满意境的画作。

制订好计划后，就要付诸行动啦！在计划表中，用"√"或"×"记录你的完成情况吧。性格优势的培养贵在坚持，只要每天坚持一点点，涓涓细流也能汇聚成大海。

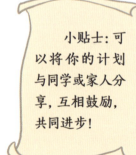

小贴士：可以将你的计划与同学或家人分享，互相鼓励，共同进步！

每天完成任务后，别忘了花点时间反思一下：今天的性格优势表现如何？我有什么感受与收获？以从中获得激励和力量！

小丽根据第一步的问卷测试，发现自己拥有以下5个标志性优势：创造力、勇敢、自我规范、合作和善良。她决定每天培养一项性格优势，并在周末总结这一周的成果。让我们一起来看看她的"一周促进计划"吧！

一周促进计划

日期	任务	完成情况	反思
周一	创作一幅风景图画	√	我尝试了新的绘画技巧，让这幅风景画更加充满活力
周二	在课堂上举手回答问题	√	虽然我的回答并不完美，但老师夸我特别勇敢
周三	自觉按照计划完成作业，不拖延	√	我能够集中注意力，认真完成今天的作业，很有成就感
周四	与同学合作讨论一道数学压轴题	√	团队合作的力量太重要啦，我一个人肯定解答不了
周五	帮助有需要的人	√	我主动帮一个老爷爷提菜篮子，心里暖暖的
周末	写一篇《性格优势冒险记》	√	这周表现得很棒，我明显感觉自己更加快乐，更加自信啦

看到小丽的变化，同学们是不是已经跃跃欲试了呢？快来一起尝试制订"一周促进计划"吧！

攸攸教授心里话

相信通过这两个步骤，你一定能够更好地找准自己的定位，建立起稳固的自信，从而找到自己的闪光之处，让自己的性格优势大放异彩！一定不要降低对自己的评价哦，你就是独一无二的，继续克服困难，努力向前进吧！

10. 有效自我激励，
让努力更有意义

我绝不会被打败！

英语课文好长好难背呀，背了这么久还是背不下来。

而且背了又容易忘记。

又忘啦！

今晚我一定要把课文背下来！

老师布置的这个任务实在是太难了。

太难了……

明天抽背到我的话该怎么办呀！

我绝不会被英语打败！

攸攸教授有方法

嘿，你还记得最近一次想要放弃学习的时候吗？是看到成堆的作业想要就此打退堂鼓呢，还是在考砸后感到心灰意冷之时呢？

别担心，在学习路上遇到"拦路虎"太正常啦，重要的是不能只想着逃避和放弃，因为这样只会使我们失去面对挑战的勇气，降低我们的自信心！我们真正应该做的是像小勇士一样勇敢地挑战自我，找到正确的方式激励自己，为自己加油打气，从而克服学习上的困难！

爱迪生：从失败走向成功的光明使者

相信大家对爱迪生都不陌生，他发明的电灯泡，不仅改变了人类的生活，也让他成为全世界最著名的发明家之一呢。

在19世纪末期，人们在晚上只能靠煤油灯和蜡烛来照明，光线非常昏暗，而且很不安全。这时，爱迪生萌生出了一个大胆的想法：我要发明一种既明亮又耐用的灯泡，彻底改变这一现状！

爱迪生进行了大量实验，尝试用各种材料作为灯丝，包括金属丝、木炭、铂金等，可惜都失败了。然而，一次次的失败并没有浇灭爱迪生的热情，他坚信，只要坚持不懈，就一定能找到突破口！

经过数千次的试验，爱迪生终于发现了能长时间发光的碳化竹丝。但这还不是终点呢！他明白，要让电灯泡真正做到实用且耐用，还有一系列问题需要解决，比如灯泡的真空度、灯丝的寿命等。他继续努力，最终成功地试验出了一种可以持续发光的电灯泡。

爱迪生的成功可不是偶然的，而是源于他不懈的坚持和努力。他鼓励自己说："我没有失败，我只是找到了一万种行不通的办法。"这种积极的态度和自我激励让他能够不断尝试新的方法，并最终取得了成功！

激发潜能：探索学习的三重境界

在发明电灯泡的艰难过程中，爱迪生能够始终保持乐观的态度并坚持不懈的其中一个秘密武器便是：他非常善于自我激励！在学习过程中，我们如何才能像爱迪生一样克服挫折，取得突破呢？自我激励又有些什么方法呢？

下面有三种不同的学习情境，请你先来思考一下你会怎样激励自己吧。

①面对数学习题时，只想做那些已经熟练掌握的题目，像简单的加减乘除类的题目，遇到难一点的应用题就想放弃。

②老师在课后布置了一些数学题，得动脑筋认真思考才能解答。你内心既紧张又兴奋，超级想把这些题目解出来。

③你梦想参加数学竞赛，可是竞赛的题目难度非常高，你完全无从下手，很担心自己的成绩倒数。

你的回答是什么呢？接下来，我将以这三种情境为例，给大家分享一套超厉害的激励秘籍——舒适区学习法、拉伸区学习法和困难区学习法，帮助大家克服学习障碍，在学习道路上不断进步！

小贴士：三种情境各自对应一种激励方法哦！

第一种：舒适区学习法

在舒适区时，你往往只会选择那些自己已经熟练掌握的知识来学习，这样很容易陷入"原地踏步"的学习困境，失去前进的动力。尤其在碰到新的、不熟悉的题目时，你会感到特别迷茫和无助。

那么怎样才能走出舒适区呢？这里需要一点小技巧噢。我们可以采取设定小目标和自我奖励的方法来激励自己，点亮学习的新火花！在面对第一种情境时，可以这样做。

设定小目标：从每天学习3道同类型的应用题开始，例如从百分数的简单问题开始，之后再慢慢挑战更难的题目以及其他类型的题目，一步一步向前进！慢慢地，你会发现，应用题其实也没那么可怕。

自我奖励：每天完成目标后，先给自己点一个大大的赞吧！还可以奖励自己20分钟的快乐电视时光。

第二种：拉伸区学习法

拉伸区学习就是介于简单和困难之间的学习，它带有一点挑战，但又不会过度地超出你的能力范围。通过努力，你可以获得新知识，让自己的能力更上一层楼！

因此，我们要积极参加有一定挑战的学习活动，就像第二种情境一样。同时，采取寻求支持与记录进步的方式，拓展自己的能力边界。

寻求支持：做题过程中有疑问时，大胆向老师或同学求助吧！大家一起讨论，才能更快地找到解决问题的好办法。

记录进步：制作一个"进步记录表"，把解题过程中的新思路和成功都记录下来，并定期回顾，鼓励自己继续努力！

第三种：困难区学习法

当学习任务很困难，超出你现在的能力范围时，你会感到很焦虑，不知道该怎么办。如果一直处于这种艰难的学习状态，你心里会很难受，甚至会怀疑自己的能力，自信心也会受到打击。

因此，在困难区的学习中，可以通过树立榜样与降低期待的方式来应对困难。在面对第三种情境时，我们可以这样做：

树立榜样：向身边厉害的同学学习，看看他们是如何准备数学竞赛的，有什么好方法可以学习和借鉴，从榜样身上获取学习的力量！

降低期待：先从解答自己力所能及的题目开始，不去纠结成绩排名，而是享受数学学习的过程，把它视作一个学习和成长的机会。毕竟数学竞赛本身就是一项很有挑战性的事情，你已经勇敢地迈出了第一步啦！

同学们，你现在的学习正处于哪个区呢？快找到对应的方法实践一下吧！

欣欣教授心里话

自我激励是一个不断挑战自我的过程。我们要不断地走出舒适区、突破拉伸区、挑战困难区，这样才能让自己变得更加强大，让努力有意义，让自信散发光芒！

11. 适当寻求正面反馈,
在自我表扬中进步

自 我 怀 疑

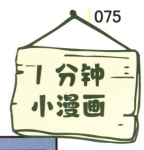

明明已经很认真地复习了这学期的知识点。

为什么期末考试不该错的还是错了？

怎么还是错了！

虽然爸爸妈妈还有老师都夸我进步很大。

进步很大啊！

但我真的高兴不起来。

我真的考得太差劲了，而且同桌考得比我好太多了。

攸攸教授有方法

你是不是也有这样的疑惑：为什么有些同学总是充满自信，乐于挑战呢？其实，一个重要的秘诀是，这些同学懂得对自己的优点和行为给予积极的评价，也就是我们常说的"自我表扬"。例如"我真棒！""我做得很好！"或是给自己点个大大的赞。

自我表扬就像是给心灵注入"强心剂"，让我们在面对困难和挫折时能够保持自信，变得更加勇敢和坚强！

自我肯定理论

想象一下，你正在参加一场精彩的篮球比赛，眼看你就要投进一个关键的球了，但球却调皮地弹出了篮筐。你感到非常失望，甚至有点尴尬。这时候你会怎么办呢？是选择就此放弃，灰心丧气地走下赛场，还是振作起来，鼓励自己重新投入比赛呢？

　　如果选择放弃，你可能会一直陷入自我怀疑中。你会不断地问自己："我为什么投不进？""我是不是不够优秀？"长此以往，你的自信心可能会受到打击，对篮球的兴趣也会慢慢消失。

　　但如果你选择重新振作起来，回想自己在训练中付出的无数汗水和努力，以及过去在比赛中取得的成功，你就会对自己说："我一定能做到！下次我一定会投进！"带着这份自信，你就会更加勇敢地投入比赛中。

　　其实，这就是心理学所说的自我肯定理论。自我肯定就是对自己说一些积极的话，就像给自己加油打气一样，相信自己很棒，能做到很多事情！

　　当你学会肯定自己、表扬自己的时候，就等于给了自己积极的心理暗示。这样你就会更有动力去努力，最终实现目标啦！

相信"相信"的力量：每日表扬日记

　　你是否想过，如果每天都表扬自己，会给你的成长带来怎样的奇妙变化呢？

　　从今天起，准备一个漂亮的笔记本，一起来开启"每日表扬日记"吧！它可以帮助我们认识自己所付出的努力，并在表扬中不断进步，成为更加优秀的自己！那么具体该如何制作呢？可以按照以下步骤来完成噢。

第一步：记录时间和内容

写下你认为今天值得被表扬的事情是什么，它是什么时候发生的，以及具体的内容是什么。可以是一件微不足道的小事，也可以是一件期待已久的大事。例如：解答了一道数学难题，或者扶老奶奶过马路。

第二步：记录做出的努力

为了做好这件事情，你做了哪些努力和准备呢？有没有遇到什么困难？你又是如何克服的呢？例如：这道数学题开始可把我难住了，我重新阅读了题目，看能不能换种思路来做，但还是没有头绪。于是，我向同桌求助，他耐心地给我讲解，并告诉我可以用另一个公式来做，我才恍然大悟，赶紧把这个公式再记牢一下。

小贴士：即使结果失败了，也是值得记录的，只要我们付出了努力，就一定会有所收获和成长。

第三步：记录感受

写下你完成这件事后的感受吧，例如：刚开始没解出题目来的时候，我感到特别焦虑，心里乱作一团，但我一直鼓励自己："我能

行！一定可以找到解法！"最后，在同桌的帮助下，我终于解开了这道难题，我感到特别开心。

第四步：表达期望

可以将对自己的期望写下来，希望以后能够继续保持，或是做得更好！例如：希望以后再面对数学难题时能够不放弃！数学公式也一定要多理解、多背诵才行，要养成认真的学习态度。

第五步：鼓励自己

对自己所做的事情和努力给予充分的肯定吧，表扬一下棒棒的自己！例如：我超棒的！在遇到困难时能够不放弃，而是认真地解决问题，真的有在努力进步呢，好开心！

这样一步一步写下来，是不是特别有成就感？是不是才发现原来自己这么棒？来给自己点个大大的赞吧！

快来一起完成你的"每日表扬日记"吧！看看今天的自己都做了哪些努力，达成了怎样的目标吧！

小贴士：在写表扬日记的时候也可以邀请父母一起参与噢！看看在父母眼中你都做了哪些值得表扬的事情呢？听听来自父母的表扬与鼓励吧！

你的表扬日记完成得怎样了呢？下面，让我们一起来欣赏一下其他小朋友的表扬日记吧！

我的每日表扬日记

时间和内容	做出的努力	感受	期望	鼓励的话
16:00 去游泳馆游泳	提前在家里和妈妈一起看游泳教程，让妈妈指导我游泳动作。到了游泳馆后提前热身	老师夸我游泳姿势更加标准了，进步了很多，我感到非常激动	希望以后能继续好好练习游泳，变得更厉害	今天表现得很棒
20:00 打扫房间	我提前把今天的作业完成好了，还把以前乱丢的东西找了出来，并把它们重新归位，再扫地、擦桌子和窗户	看到整洁的房间，真是太有成就感了！而且妈妈还表扬我很有计划，奖励我今晚可以玩我最喜欢的拼图，我太开心啦	我决心以后要养成良好的习惯，用完东西后放回原处；看到房间有点脏的时候能够主动打扫	我真棒！我是一个很有责任心的孩子

攸攸教授心里话

在制作"每日表扬日记"的时候，要多去回顾自己所做的努力，看到自己闪闪发光的一面噢。不要吝啬你的赞美，真心实意地肯定自己的进步吧！

在自我表扬的同时，同学、朋友之间相互赞扬也是一个很好的提升自信的方式，让我们互相夸一夸，一起成为更好的人吧！

12. 认清后果，培养主动负责好品质

被遗漏的画笔

美术课忘记带画笔了。

糟了，画笔忘带了……

着急地给妈妈打电话，让妈妈给我送过来。

妈妈，快把画笔给我送过来！

好生气呀，为什么妈妈昨晚不提醒我！

或者直接帮我装进书包里。

班里就我一个人没带画笔，好尴尬。

攸攸教授有方法

"哎呀，我忘记带数学作业本了！""糟糕，我舞蹈服装还在家里！""怎么办，起不来，上学要迟到啦！"……同学们，这样的场景你是否觉得似曾相识呢？

其实呀，遇到这些问题就说明我们还没有真正成为自己生活的小主人，还没有意识到要对自己的行为负责呢！不过别担心，只要我们学会培养主动负责的品质，就能轻松战胜这些困扰我们的问题，成为自己生活的主宰啦！

过失与责任

若干年前，美国曾经发生过这样一件事：有个11岁的男孩，他非常热爱足球。一次踢球时，他不小心打碎了邻居家的玻璃。邻居看到后十分生气，要求男孩赔偿12.5美元。在当时，12.5美元可不是一个小数目，足足可以买125只能够生蛋的母鸡了！

男孩意识到自己闯了大祸，心里十分愧疚，只能向父亲承认错误，希望能够得到父亲的帮助。父亲并没有责怪他，而是

要求他对自己的过失行为负责。男孩感到很为难："我哪有那么多钱赔给人家呀？"父亲从口袋里掏出12.5美元递给男孩说："这钱可以借给你，但一年后你要还给我。"

从此，男孩每逢周末、假日便外出打工，他送过报纸、打过零工，还在农场帮忙干过活。经过半年的不懈努力，他终于挣够了12.5美元这个"天文数字"，并把钱还给了父亲。多年后，这个男孩成为美国总统，他就是罗纳德·里根。回忆起这件事情时，他说："通过自己的劳动来承担过失，使我懂得了什么叫责任。"这段经历也成为他人生中的宝贵财富，一直激励着他在未来的道路上勇往直前，肩负起更大的责任！

21天好习惯养成挑战：点亮责任之光

一个主动负责的人能够更好地预估行为的后果，承担起相应的责任。在面对挫折时，也能够坚持不懈地努力，直到取得成功。现在，我要向大家介绍一个超级有趣的打卡活动——21天好习惯养成挑战。有研究和实践发现，只要我们连续坚持21天，就能养成一个全新的好习惯，帮助我们更好地承担责任。是不是觉得很神奇呢？一起来试试吧！

第一步：确立目标习惯

首先，静下心来回想一下，在你的生活中，有哪些不好的行为呢？赖床、拖延，还是沉迷手机？选择这些迫切需要改正的行为，转换成我们的培养目标。例如：早上按时起床、每天整理好房间、认真完成所有作业等。毕竟如果我们还没有养成足够的责任感，就会很难抵挡住赖床、拖延的诱惑了。

其次，我们需要明确量化这一目标，确定具体的时间点或每天的时间安排。这样可以帮助我们有效地把习惯落到实处，并督促自己按计划进行！

第二步：制定打卡习惯表格

为了更好地记录习惯养成情况，我们可以精心设计一个打卡表格。在表格中，我们需要结合第一步的内容，将培养习惯和相应的时间安排填在"打卡习惯"这一列。这样，我们就能正式开始打卡生活啦！每个习惯后面都设有21个小格子，代表21天的养成周期。每天完成相应的任务后，就在格子上打个醒目的钩或涂上颜色吧！看着这些钩和颜色块一天天地增加，你会惊喜地发现自己有所成长和进步呢！

打卡习惯表

打卡习惯	1	2	3	4	5	6	7	8	9	10	11	12	13	14	15	16	17	18	19	20	21
7:00 按时起床																					
阅读 30分钟																					
完成作业后整理书包																					
21:30 按时睡觉																					

第三步：寻找一位监督者

　　告诉你的家人或朋友你正在参加21天好习惯养成挑战计划，并请他们支持和监督你吧！当你知道有人在关注你、支持你的时候，你会更加自觉地去完成目标，克服困难和诱惑，并最终取得成功的！

第四步：回顾与反思

21天挑战结束后，要回顾一下自己的付出和努力，看看是否达到了目标和要求！如果你每天都坚持打卡并完成了21天挑战，没有一天遗漏，那么恭喜你，你成功培养了一个对自己有益的行为习惯，并在这个过程中培养了主动负责的品质。为了奖励自己，你可以去享用一顿美食、做一件让自己开心的事情或者去游乐场玩耍等。同时，别忘了总结成功的经验和做法，思考一下是哪些因素帮助你坚持下来的，在新一轮的挑战中也要继续保持哦！

如果没能完美达成目标，也不要垂头丧气哦！我们要做的是找出打卡失败的原因，这样才能找到问题所在，做出针对性的调整，为下一次挑战做好准备！如果是缺乏动力，那可以把习惯养成的好处写下来，贴在显眼的地方，时刻提醒自己，或是给自己一点小奖励，例如在完成任务后看20分钟电视。如果是时间管理出了错，那就重新调整时间安排，比如将30分钟的阅读时间缩短至20分钟，并留出10分钟的缓冲时间。

小贴士：养成好习惯需要时间和耐心，不要因为一次失败就放弃哦！每一次挑战都是一次成长的机会，相信自己，你一定可以做到的！

相信通过这21天的打卡，你一定能够养成良好的行为习惯，提升责任感，成为一个更优秀的人！你准备好参加这个挑战了吗？一起来见证奇迹吧！

攸攸教授心里话

让我们一起点亮责任之光，在学习和生活中勇敢地面对自己的错误，并努力加以改正。从21天习惯养成挑战开始，一步步迈向主动负责的人生，成为一个有担当的人吧！

13. 巧用游戏化技巧，点燃学习兴趣

小熊教我学英语

背单词好无聊呀，而且背了之后做题还是会出错。

英语好难学啊！

要是学英语能像平常看英文动画片那么有趣生动就好了。

Hello, I'm......

好有趣呀！

虽然很多时候不太听得懂，但我还是能够根据画面推测出来，这样的话学习起来一定很有趣。

我们是小熊一家人！

这是熊爷爷！

这是熊妈妈。

攸攸教授有方法

你是否有时候会对学习感到很厌烦，提不起兴趣呢？你是否在面对课后作业时总会拖拖拉拉，难以集中注意力，认为学习变成了一件很痛苦的事情？可是一提到游戏，同学们是不是立刻就有精神了呀？如果学习能和游戏相结合，那该多好啊！游戏化学习，就是将游戏元素和机制融入学习过程中，这种学习方式能够大大提高我们的学习动力，点燃我们对学习的激情！

玩中学：爱因斯坦的学习秘诀

爱因斯坦是一位著名的物理学家，但他却有着一颗热爱游戏的心。他认为学习应该是一件快乐的事情，而不是枯燥乏味的。

爱因斯坦从小时候起便喜欢通过游戏来学习物理知识，尤其是用积木来搭建各种奇妙的建筑。在搭建过程中，他化身为小小建筑师，仔细观察并思考如何才能让结构更加坚固稳定。为了找到答案，他不怕困难，不断尝试各种搭建方法，改进设计，最终让建筑作品更加稳固。

积木搭建看似简单，其实蕴藏着丰富的知识。通过思考和实践，爱因斯坦逐渐认识到了重力、支撑力和平衡力等力学概念。这些宝贵的经验为他日后成为物理学家打下了坚实的基础。

爱因斯坦将游戏融入学习，不仅提高了学习兴趣，加深了对物理知识的理解，更培养出了敢于尝试、勇于探索的精神！

游戏化学习：化解学习挫折的利器

爱因斯坦学习物理知识居然是从生活中的玩具入手的，听起来是不是很厉害？不过，这种方式对现在的我们来说可能还有点难度。别担心，我们可以换个思路，从电子游戏入手，一样能玩出学问。将游戏与学习结合起来可是一种非常有效的学习方式呢！接下来，我将带领大家开启游戏化学习的冒险之旅，一共有两步，一起来看看吧！

第一步：趣味刺激改造法

当我们打开电子游戏时，各种新奇有趣的声音、精彩的画面和生动的卡通形象瞬间就吸引了我们的注意。在不同的任务或关卡中，我们需要化身为英勇的战士，运用独特的技能勇敢奋战，与敌人一决胜负！游戏就像一个充满惊喜和挑战的小世界，让我们随时随地都能沉浸其中。

然而，学习的过程远不如游戏那般刺激而有趣，我们可能会因为觉得枯燥而提不起劲来。那我们何不借鉴游戏的设计，将学习巧妙地融入打怪、闯关和角色扮演等需要"解决问题"的趣味形式中呢？

数学计算题是不是让你感到头痛？没关系，不妨这样想象：

"数学是一个大大的怪兽世界，每一道题目都是一只小怪兽，而我们则是勇闯数学怪兽世界的超级英雄。我们的任务就是通过做题来打怪，最终战胜数学怪兽，获得宝藏！快化身为小小战士，尽情地去战斗吧！"这样一来，刷题过程就变成了小战士的打怪游戏，每一次刷题都是一场"战斗"，特别新奇有趣！

又或者，背诵课文是不是让你觉得很枯燥呢？不妨邀请父母来一场有趣的角色扮演吧。例如，在背诵《东郭先生与狼》时，让爸爸妈妈扮演狼和农夫，我们来扮演东郭先生。这样我们既能全身心地投入其中，还能快速地记住故事的发展，更容易背下课文呢！

> 小贴士：有些游戏会不断更新，比如加入新的角色和地图，让我们保持新鲜感和兴奋感。在学习的过程中我们也可以经常更换不同的趣味情境和角色噢！

第二步：积分奖励制

在游戏中，我们取得成功时都会获得各式各样酷炫的奖励，比如金币、道具、新技能等。这些奖励不仅让我们感受到努力是有回报的，更激发了我们继续探索和挑战的欲望！

然而，学习是一个漫长的过程，需要日积月累的努力，短时间内没有看到成果的话，我们可能会很难坚持下去。这时候，奖励制度就派上用场啦！奖励不仅能够帮助我们克服学习困难，保持积极的学习态度，还能满足我们的小心愿，可以说是一举多得！

我们可以和父母一起商量制定奖励制度，根据自己的学习目标和兴趣爱好，设置不同的任务和奖励。这些奖励就像游戏中的金币和宝藏，指引着我们不断战胜困难。大家可以参考以下的表格进行制定噢。

学习积分表

任务类型	积分
完成每日学习任务	2
完成课外阅读	3
参加课外活动	3
考试成绩进步	5

积分奖励表

奖励类型	积分
喜欢的书籍	30
文具礼包	50
喜欢的海报	50
家庭出游	100

小贴士：就算我们游戏失败了，系统依旧会鼓励我们"再来一次"。学习也是一样，如果在学习中遇到不会做或是做错了的题目，也一定要积极地再次尝试！

将游戏元素融入学习过程，就像打开了新世界的大门，能让学习变得更加有趣、引人入胜！如此一来，哪怕在学习中遇到了难题，我们也能像打怪升级一样，敢于不断尝试和挑战。

即使犯错也不必担心，从错误中学习，能让我们取得更大的进步。

欣欣教授心里话

学习并不是一个沉重的负担，而是一场刺激的冒险，每一次挑战都会让我们变得更加强大！让我们成为学习的主人，继续在学习的道路上勇往直前吧！前方还有更多的神秘宝藏和惊喜等待着我们去发现呢！

14. 绘制家谱图，找到学习意义感

人生之路

爸妈总是要我认真学习，考取好成绩，以后才能考上好大学。

要认真学习，考取好成绩，以后才能考上好大学！

但我根本就不知道学习是为了什么。

也不知道我以后要成为什么样的人。

人生之路

我感觉自己根本就不是学习的料，好迷茫呀！我的观念跟爸妈的一点都不一样。

攸攸教授有方法

"我一点都学不进去，好想打游戏啊！""学习有什么用，还不如出去玩呢！"相信同学们都曾有过这样的想法。学习的意义到底是什么呢？难道它真的像我们想象的那样枯燥无味、毫无意义吗？别急着下结论，让我们一起来打开一个神奇的宝藏——家谱图，或许你会从中找到答案，发现学习的意义哟！

曾国藩成功的秘诀

曾国藩是中国近代史上著名的政治家和文学家。他出生在一个普通的耕读家庭，通过勤奋的学习，最终成为朝廷重臣，为国家做出了巨大贡献。他的成功离不开两大法宝：家谱图的记载和传承，以及祖父曾玉屏的悉心教导。

曾氏家谱就像一本厚厚的历史书，记载了曾国藩家族的世系和血脉传承。更重要的是，它记录了曾国藩家族的兴盛轨迹和治家之道。曾国藩的祖父曾玉屏所提倡的"书、蔬、鱼、猪、早、扫、考、宝"治家八诀，是家族兴盛的关键。意思是要读书、种菜、养鱼、喂猪、早起、打扫、祭祀和友邻，要求子孙后代勤奋读书，劳动生产。

曾国藩从小就将这八字家规铭记于心，并养成了勤奋好学的习惯。功夫不负有心人，最终，他成功考取进士，如愿成为一名官员。在后来的治家过程中，曾国藩将治家八诀纳入曾氏家训中，并亲身示范，子孙后代深受影响，纷纷努力学习，追求卓越。

曾氏家谱和家训的传承不仅造就了曾国藩家族的辉煌，还为后人树立了榜样，传递了勤奋、刻苦、忠诚、孝顺等优良家风。优良的家风就像一盏明灯，指引着家族成员前进的方向。

解密家谱图的绘制

你知道吗？就像曾国藩的家谱一样，我们也可以绘制属于自己的家谱图哦！它不仅可以帮助我们传承家族优秀文化，还能激励我们努力学习，是一件很有意义的事情。家谱图的制作并不难，只要按照以下六个步骤一步一步来就可以啦！

第一步：确定家庭成员

我们可以先将自己知道的家庭成员罗列出来，然后邀请父母帮忙补充，最终确定一共有多少个主要成员。在这一过程中，还可以请父母分享家庭成员之间的趣事，激发我们对整个家族的探索欲望呢！

第二步：标出成员位置

在绘制家谱图的时候，可以先画自己所处的位置，再往上画父母一代，接着画祖父母一代。爸爸的兄弟姐妹画在爸爸的左侧，妈妈的兄弟姐妹画在妈妈的右侧。兄弟姐妹的顺序按照从左向右、从大到小依次排列。

小贴士：标位置要遵循以下三个原则噢：①长辈在上，晚辈在下；②同辈中，长者在左，少者在右；③夫妻中，男在左，女在右。

第三步：绘制图形符号

在家谱图中，方框表示男，圆圈表示女。线代表关系：结婚用直线表示，并在直线上写上小写字母"m"；离婚就在直线中间打上双斜杠；死亡则在方框或圆圈中画"X"。

第四步：标注基本信息

我们需要在每个家庭成员旁边标注其出生或死亡日期、最高学历和职业等信息，要尽可能丰富噢。

第五步：标注家庭成员重大事件

如果家庭成员发生了重大生活事件，如死亡、患重大疾病、离婚等，需要把事件的发生时间标注出来。信息的收集可以通过采访长辈、查看家庭照片等方式获得哦。

第六步：圈出同住人员

家谱图完成后，可以用水彩笔圈出或用波浪线标出和自己一起住的家庭成员。

现在，为了让大家更清晰地了解家谱图的绘制规则，我们根据以下信息绘制了一份家谱图供大家参考。

小雯今年13岁，和爸爸妈妈、奶奶还有弟弟一起住。爸爸今年46岁，本科学历，是一名公务员；妈妈今年43岁，本科学历，是一名小学老师；弟弟今年5岁，在读幼儿园；奶奶今年75岁，患有糖尿病；爷爷原来是一名军人，在小雯3岁时去世了，享年68岁；外公今年77岁，外婆76岁。小雯还有一个舅舅，今年41岁，舅舅有一个女儿，比小雯小3岁，舅舅在2018年时离婚了。

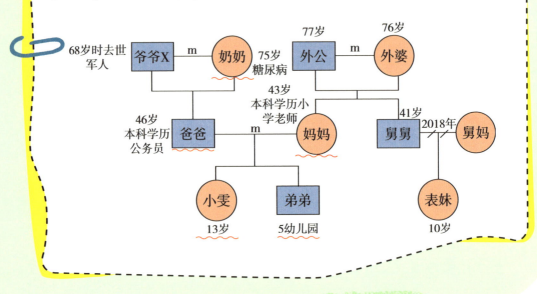

你是不是以为家谱图到这里就结束啦？其实，还有更精彩的故事藏在"家族编年史"里，就像电影彩蛋一样，记录了三代人在内，对家族发展影响深远的重大事情。

因此，在家谱图的最后，我们可以补充"家族编年史"的内容。具体来说就是要记录下事件的时间、地点、人物和发生的过程，最重要的是这个事件对整个家族的影响，以及它能够为我们提供哪些宝贵的启示。

小雯的爸爸就有这样一个故事：18岁那年，虽然家庭条件艰苦，但奶奶还是坚持让他读书。最终，爸爸成功考上了大学。当时全家人都十分为他骄傲，觉得他为家族争了光！小雯看到爸爸为了梦想如此努力，深受感动，更加坚定了自己要努力学习的决心！

小贴士：家谱图初稿完成后，我们可以将它多复印几份，发送给每一位家庭成员，请他们帮忙补充和修正。这样一来，家谱图就会更加准确、丰富啦！

我们精心绘制家谱图，不只是为了传承家族历史文化，更重要的是从中获得智慧和力量。通过创建"家族编年史"，你会发现，长辈们的故事不仅感人肺腑，还能激励你勇往直前呢！

现在，你还会觉得学习枯燥无味吗？快和父母一同开启绘制家谱图的快乐旅程吧！

欣欣教授心里话

绘制家谱图就像是开启了一扇通往过去、现在和未来的门。我们听到长辈们克服重重困难，取得成功的故事时，就会更加坚定自己的信念，勇往直前啦！

15. 把握爱与边界感，
寻求情感支持

请你们听我说

在学校被老师误会了。

上课的时候明明只是想提醒一下旁边的同学橡皮擦掉了。

老师却认为我在开小差，没有认真听课。

上课开小差，不认真听课！

并且很严肃地批评了我，我好难过呀。

我好难过呀。

想向父母寻求安慰，但不知道怎么开口，又怕父母也说我没有全神贯注地听讲。

没有全神贯注地听讲！

攸攸教授有方法

在生活中，我们难免会遇到一些小风浪：考试失利、学习压力大、与朋友闹矛盾……这些困难和挫折会让我们感到特别沮丧和难过。这时候，爱的港湾显得尤为重要。父母作为我们最亲密的人，他们的爱与陪伴是其他任何力量都无法替代的。他们的理解、关心和拥抱，能抚慰我们受伤的心灵，给予我们战胜困难的勇气和信心！所以，要学会主动向父母表达自己的情感需求，寻求帮助哟！

马斯洛需求层次理论

你知道吗？每个人都有很多不同的需求，就像我们需要吃饭、睡觉一样。心理学家马斯洛爷爷把这些需求分成了五个层次，就像一座金字塔。

金字塔的底层是生存需求，比如我们要吃饭、喝水、呼吸新鲜空气等，这样我们才能健康成长。

第二层是安全需求，比如我们需要一个安全的家，这样我们才会感到安心。

第三层是归属和爱的需求，这可是很重要的哦！尤其是家庭的归属需要。家就像一个温暖的小窝，我们不仅可以在里面和兄弟姐妹一起玩耍，还可以从中感受到爸爸妈妈的爱。当我们在外面遇到困难或者不开心的时候，回到家里就会觉得很安心，感到被接纳和关爱。每当我们想起背后总会有家庭的支持时，我们就会更有勇气去探索世界，尝试新事物。

第四层是被尊重和自我表现需求，指的一是我们希望得到别人的尊重和认可，比如当表现好的时候，我们希望获得来自老师和爸爸妈妈的表扬；二是我们能够自我尊重与爱护，并希望自己能充满信心、独立自主地应对不同的生活情境。

最后，金字塔的顶端是自我实现需求，我们实现了自己的梦想，做了自己想做的事情时，就会感到非常快乐和满足。

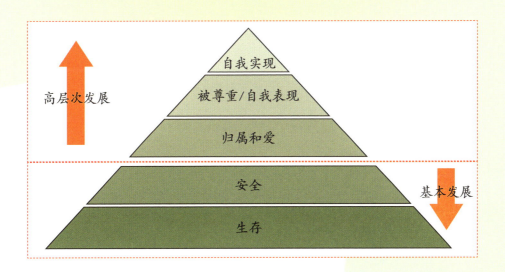

与父母分享心声，情感支持寻求三部曲

我们在家庭所感受到的归属需要和情感支持能够帮助我们应对压力和负面情绪，保持一颗积极向上的心。在生活中，大家会不会觉得寻求父母帮助是一件很难的事情，不知道该如何开口表达呢？

其实，与父母分享心声不仅是一种表达爱意的方式，更是一种寻求帮助、获取力量的途径噢！这里教给大家一个寻求情感支持的小技巧。你可以分三步走。

第一步：勇敢地表达自己的心情和感受

当你感到难过、生气或者害怕时，不要害怕告诉父母，你可以直接对他们说："爸爸妈妈，我今天有点不开心，我想和你们聊聊。"或者"我在学校遇到了一些困难，我需要你们的帮助。"勇敢地表达自己的心情和感受，让父母知道你需要他们的支持和关心。这样他们就能够第一时间了解你的情况，给你爱的抱抱，让你感受到家庭的温暖！

小贴士：如果只是一个人生闷气，什么都不说，不仅事情得不到解决，父母也无法了解你的感受并帮助你噢。

第二步：与父母分享你的经历和想法

　　心情放晴后，别忘了和父母好好聊一聊，把你的烦恼和心事都倾诉出来，并表达你的想法，让爸爸妈妈能更好地了解你的学习和生活。比如："数学课上，老师讲解的内容我完全无法理解，听课就像在听'天书'一样。即使我课下努力复习，还是感觉一头雾水。考试的时候，面对那些复杂的题目，我的大脑一片空白，最终成绩非常不  理想，这让我感到特别沮丧！我好担心如果一直这样下去，我的数学会越来越差，真的好想提高数学成绩呀！"

第三步：寻求帮助，倾听父母的建议

　　接下来呢，你可以开启"求助模式"，寻求父母的帮助和建议。你可以这样说："爸爸妈妈，对于我在数学学习上的困难，你们有什么好建议吗？"或者请他们分享一下自己学生时代的经验，看看他们是如何应对类似问题的。

　　当父母给你提出意见和建议时，一定要认真倾听，积极思考他们的建议哟！如果你有不同的看法，可以这样表达："我知道你们是为我好，我会认真考虑的哟。不过，我也有自己的小想法，我们可以一起探讨一下吗？我想这样我们才能找到一个最棒的解决办法！"这样的话，父母就知道你愿意接受他们的建议，但也希望他们能尊重你的想法。总之，沟通是双向的，一定要和爸爸妈妈好好聊天！

除了在遇到困难时向父母倾诉心声、寻求帮助之外，你也要在日常生活中多多和父母互动哦！一起做家务、做手工、看电影……这些看似简单的活动，却蕴含着无限的温暖和爱意，能够帮助我们与父母建立更加亲密的关系。另外，别忘了向父母表达你的爱和感激之情哦！可以对他们说："谢谢你们一直以来对我的关心和支持，我爱你们！"或者给他们一个拥抱、亲吻，写一张感谢卡……让爸爸妈妈感受到你的爱，这样他们也会更加愿意支持和帮助你！

做做教授心里话

寻求父母的情感支持非常重要哦！通过以上方法，勇敢地向父母敞开心扉，分享你的喜怒哀乐吧！你会发现其实很多问题并没有你想象的那么难解决。未来请继续珍惜这份情感支持，它能帮你勇敢地面对生活中的挑战！

16. 用故事为自己赋能

我要变得更优秀！

攸攸教授有方法

"好难啊，不想做了，太头疼了！""我好笨啊，为什么就是学不会呢？"这些沮丧的叹息是否曾在你耳边回响呢？想象一下，在你感到沮丧无助时，你翻开了一本故事书，书中的主人公也曾像你一样遇到过困难，但他并没有放弃，而是勇敢地一次次尝试，最终取得了成功，你会不会受到极大的鼓舞呢？故事就像一盏明灯，照亮着你的前行之路，给你带来希望和力量！

新一千零一夜

2012年，有个关注青少年成长的公益组织发起了一个公益项目，叫作"新一千零一夜——乡村儿童成长故事陪伴项目"。这个项目的名字很有趣，你知道它为什么叫这个名字吗？因为许多农村留守儿童因父母外出打工而不得不选择在学校住宿，他们在学校住宿的夜晚大约是1000晚。为了陪伴孩子们度过漫漫长夜，走出乡村情感困境，不再惧怕一个个孤独的夜晚，志愿者们坚持用一个个精

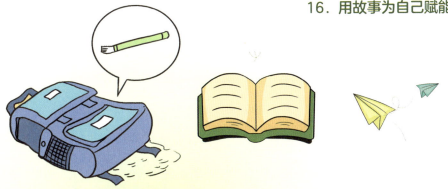

彩的故事为他们带去温暖、梦想和希望。

　　志愿者们讲述的故事有的取材于现实生活，有的改编自经典童话，但这些故事都有一个共同点，那就是和孩子们成长中遇到的问题息息相关。为了编写这些故事，志愿者们还专门采访了学校的老师、社工和学生，然后从访谈结果中提炼出孩子们普遍面临的11个问题和挑战，比如自制力差、内向、不爱与人说话、成绩下降，等等。

　　一年后，志愿者们对听了睡前故事的孩子进行评估，结果发现这些孩子身上发生了许多积极的变化：他们睡前更放松了，睡得也更加舒服踏实；很多孩子还爱上了阅读，开阔了视野；他们的写作能力也明显提高了，会在写作中用到睡前故事里的素材；还有一些走读生在听了寄宿生分享的故事后，同学关系也变得更好啦！

STORY式阅读赋能

　　看完前面的案例，大家是不是觉得既惊喜又充满希望？原来故事不但能让我们心情放松，还能帮助我们学习呢！然而，仅仅被动地听故事是不够的。为了能真正从故事中汲取力量，像小树苗一样茁壮成长，我们需要更加主动地去阅读故事！具体来说，可以通过以下两个步骤来实现。

第一步：兴趣引路

兴趣是最好的老师！首先，我们需要找到自己感兴趣的故事书，这样才能更好地坚持阅读。对于第一次和故事书打交道的小朋友来说，可以选择内容简单、情节生动有趣的故事书，比如《格言故事》《伊索寓言》《小故事大道理》等，这些故事往往藏着好多的知识和道理。对于阅读经验很丰富的小朋友呢，可以阅读名人或普通人的励志故事，例如《中国历史故事》《名人传》等，从他们的奋斗历程中汲取榜样的力量！

第二步：STORY式阅读

找到喜爱的故事书后，接下来，就是进行有效阅读啦！故事的英文单词"STORY"可以作为我们的阅读指南，每个英文字母都代表了一个关键问题。在阅读过程中，不妨带着这些问题进行思考，沉浸式感受故事的魅力吧！

STORY阅读指南

字母	问题	回答
S（主人公）	故事中的主人公叫什么名字？	
T（宝藏）	他（她）想实现什么样的目标，获得什么宝藏呢？	
O（障碍）	他（她）遇到了什么困难，有哪些障碍阻挡呢？	
R（正确教训）	他（她）从困难中获得了什么启示？	
Y（原因）	他（她）为何能够克服困难？他都做了哪些努力？	

小贴士：
我们可以建立一个"故事学习笔记"，将每篇故事的回答都收藏起来。

一、S（主人公）

每个精彩的故事都有一个超级英雄，也就是在故事中带领我们面对挑战、发现宝藏并学习到重要经验教训的主人公。

例如：在"愚公移山"的故事中，主人公是愚公。

二、T（宝藏）

就像探险家一样，我们的超级英雄也有宝藏要寻找。这个宝藏代表了他们想实现的目标或期望的结果，激励着超级英雄不断前进！

例如：愚公的宝藏便是搬走太行、王屋两座大山，不阻碍他和家人出行。

三、O（障碍）

通往宝藏的道路绝不轻松哟！主人公会遇到各种各样的障碍，这些障碍可能是身体上的挑战，比如爬上一座高高的山峰；也可能是内心的纠结，比如要战胜恐惧或自我怀疑。

例如：愚公面临着两个主要的障碍，一是这两座大山如此之高，而愚公却年老体弱，体力有限，搬起来谈何容易？二是愚公的朋友都笑话他痴心妄想，觉得这个任务根本不可能完成。

四、R（正确教训）

当故事中的超级英雄克服困难并取得进展时，他们会获得宝贵的经验教训。就像暴风雨后的彩虹，带来新的理解和成长。

例如：愚公学会了只要一直坚持不放弃，努力去奋斗，没有什么困难是不可战胜的！

五、Y（原因）

是什么让我们的超级英雄成功地克服困难并有所收获和成长呢？是哪些优秀的品质和性格特征在助力他们取得成功呢？

例如：愚公的成功可以归功于他心态积极乐观、懂得寻求帮助和坚定决心三个方面。愚公每天都和他的儿子一起坚持挖山，虽然进展很慢，但他从来没有想过放弃。他拥有坚定的信念，认为只要坚持不懈地努力，就一定能够实现自己的目标。

大家注意到了吗？"R"和"Y"的回答蕴含着巨大的能量耶！我们要学会将其中的道理应用到我们的学习生活中。看完愚公移山的故事后，再碰到学习成绩不理想、难题做不出来或是课文背不出来的情况，你会怎么做呢？

欣欣教授心里话

故事如同一面镜子，映照出我们的生活。因此，记得把在故事中学到的智慧和道理运用到生活里去哦！例如勇敢面对挑战、坚持自己的梦想、诚实守信等。只有把故事中的智慧转化为实际行动，才能让自己变得越来越强大！

附录

性格优势问卷测试

下面有96个句子，每个句子都像是一条线索，指引着你通往自我认知的道路。这些句子没有标准答案，所以不用担心答错哟。认真感受自己的内心，选择最真实、最能代表你想法和行为的选项吧。

题项	非常不像我（1分）	不像我（2分）	中立（3分）	像我（4分）	非常像我（5分）
1. 我从来不会在任务完成前就放弃。					
2. 我一向遵守承诺。					
3. 我总是对事物抱有乐观的态度。					

（续表）

题项	非常不像我（1分）	不像我（2分）	中立（3分）	像我（4分）	非常像我（5分）
4．我总是会从事物的正反两面去考虑问题。					
5．我知道如何在不同的社交场合中扮演适合自己的角色。					
6．我做事从不虎头蛇尾。					
7．我的朋友认为我能够保持事情的真实性。					
8．能为朋友做些小事让我感到很享受。					
9．我身边有人像关心自己一样关心我，在乎我的感受。					
10．我非常喜欢成为团体中的一分子。					
11．作为一个组织的领导，不管成员有过怎样的经历，我都对他们一视同仁。					

（续表）

题项	非常不像我（1分）	不像我（2分）	中立（3分）	像我（4分）	非常像我（5分）
12. 就算面前是我非常喜欢的美食，我也不会吃过量。					
13. 当别人看到事物消极的一面时，我总能乐观地发现它积极的一面。					
14. 我喜欢想一些新的方法去解决问题。					
15. 我尽力让那些沮丧的人振作起来。					
16. 我是一个高度自律的人。					
17. 我总是思考以后再讲话。					
18. 即使面对挑战，我也总对将来充满希望。					
19. 在困难的时刻，我从来没有放弃过信仰。					

（续表）

题项	非常不像我（1分）	不像我（2分）	中立（3分）	像我（4分）	非常像我（5分）
20. 我有能力令其他人对一些事物产生兴趣。					
21. 即使会遇到阻碍，我也要把事情完成。					
22. 对我来说，每个人的权利同样重要。					
23. 我会控制自己的情绪。					
24. 我能看到被别人忽视的美好事物。					
25. 我有明确的生活目标。					
26. 我从不吹嘘自己的成就。					
27. 我热爱自己所做的事情。					
28. 我一向容许别人把错误留在过去，重新开始。					

（续表）

题项	非常不像我（1分）	不像我（2分）	中立（3分）	像我（4分）	非常像我（5分）
29. 我对各式各样的活动都感到兴奋。					
30. 我是个真正的终身学习者。					
31. 我的朋友认为我能客观地看待事物。					
32. 我总能想出新方法去做事情。					
33. 我总能知道别人行事的动机。					
34. 我的承诺值得信赖。					
35. 我给每个人机会。					
36. 作为一名有效能的领导者，我一视同仁。					
37. 我是一个充满感恩之心的人。					
38. 我试着在所做的任何事情中添加一点幽默的成分。					

（续表）

题项	非常不像我（1分）	不像我（2分）	中立（3分）	像我（4分）	非常像我（5分）
39. 我希望人们能学会原谅和遗忘。					
40. 我有很多兴趣爱好。					
41. 朋友们认为我有各种各样的新奇想法。					
42. 我总能看到事物的全部。					
43. 我总能捍卫自己的信念。					
44. 我不轻言放弃。					
45. 在朋友生病时，我总会致电问候。					
46. 我总能感受到自己生命中有爱存在。					
47. 维持团体内的和睦对我来说很重要。					
48. 行动前，我总是先考虑可能出现的结果。					

（续表）

题项	非常不像我（1分）	不像我（2分）	中立（3分）	像我（4分）	非常像我（5分）
49. 我总能觉察到周围环境里存在的自然美。					
50. 我的信仰塑造了现在的我。					
51. 我从不让沮丧的境遇带走我的幽默感。					
52. 我精力充沛。					
53. 我总是愿意给他人改正错误的机会。					
54. 在任何情形下，我都能找到乐趣。					
55. 我常常阅读。					
56. 深思熟虑是我的特点之一。					
57. 我经常有原创性的思维。					
58. 我对人生有成熟的看法。					

（续表）

题项	非常不像我（1分）	不像我（2分）	中立（3分）	像我（4分）	非常像我（5分）
59. 我总能直面自己的恐惧。					
60. 我非常喜欢各种形式的艺术。					
61. 我对生命中所得到的一切充满感激。					
62. 我很有幽默感。					
63. 我总会权衡利弊。					
64. 别人喜欢来征询我的建议。					
65. 我曾经战胜过痛苦与失望。					
66. 我享受善待他人的感觉。					
67. 我能够接受别人的爱。					
68. 即使不同意团体领袖的观点，我还是会尊重他。					

（续表）

题项	非常不像我（1分）	不像我（2分）	中立（3分）	像我（4分）	非常像我（5分）
69．作为一个团体领导，我尽量让每一个成员快乐。					
70．我是个非常小心的人。					
71．当审视自己的生活时，我发现有很多地方值得感恩。					
72．别人告诉我，谦虚是我最显著的优点之一。					
73．通常情况下，我愿意给别人第二次机会。					
74．我认为我的生活非常有趣。					
75．我阅读各种各样的书籍。					
76．我总是知道说什么话可以让别人感觉良好。					

（续表）

题项	非常不像我（1分）	不像我（2分）	中立（3分）	像我（4分）	非常像我（5分）
77. 在我的邻居、同事或同学中，有我真正关心的人。					
78. 尊重团体的决定对我来说很重要。					
79. 我认为每个人都应该有发言权。					
80. 作为团体领导者，我认为每个成员都有对团体所做的事发表意见的权利。					
81. 我总是谨慎地做出决定。					
82. 我经常渴望能感受伟大的艺术，比如音乐、戏剧或绘画。					
83. 我每天都心怀深刻的感激之情。					

（续表）

题项	非常不像我（1分）	不像我（2分）	中立（3分）	像我（4分）	非常像我（5分）
84. 情绪低落时，我总是回想生活中美好的事情。					
85. 信仰使我的生命变得重要。					
86. 没有人认为我是一个自大的人。					
87. 早晨醒来，我会为了新的一天中存在的无限可能性而兴奋。					
88. 我喜欢阅读非小说类的书籍作为消遣。					
89. 别人认为我是一个聪明的人。					
90. 我是一个勇敢的人。					
91. 别人相信我能帮他们保守秘密。					
92. 我相信聆听每个人的意见是值得的。					

（续表）

题项	非常不像我（1分）	不像我（2分）	中立（3分）	像我（4分）	非常像我（5分）
93. 我定时锻炼身体。					
94. 别人都因我的谦逊而走近我。					
95. 我因富于幽默而被众人所知。					
96. 人们形容我为一个热情洋溢的人。					

　　完成测试后，你是不是迫不及待地想知道自己的性格优势得分情况呢？我们可以看到，每个选项都有着不同的分数：非常不像我=1分；不像我=2分；中立=3分；像我=4分；非常像我=5分。而每一种优势都对应了四道题目，只需把这四道题目的分数相加，就能知道每种性格优势的得分啦！

　　例如：你在"好奇心"性格优势的四道题目中，分别获得了4分、5分、4分和3分，那么你的"好奇心"得分便是16分。

性格优势	题目	得分
好奇心	29、40、54、74	
热爱学习	30、55、75、88	
创造力	14、32、41、57	
开放性思维	4、31、56、63	

（续表）

性格优势	题目	得分
洞察力	42、58、64、89	
勇敢	43、59、65、90	
坚韧	1、6、21、44	
正直	2、7、34、91	
热忱	27、52、87、96	
爱	9、46、67、77	
善良	8、15、45、66	
社交智慧	5、20、33、76	
合作	10、47、68、78	
公平	22、35、79、92	
领导力	11、36、69、80	
宽恕	28、39、53、73	
谦卑	26、72、86、94	
谨慎	17、48、70、81	
自我规范	12、16、23、93	
欣赏	24、49、60、82	
感恩	37、61、71、83	
希望	3、13、18、84	
幽默	38、51、62、95	
虔诚	19、25、50、85